Para os cientistas do futuro —L.H.

Para Embla & Elisa —X.L.

Copyright do texto © 2024 por
Spacetime Publications Ltd. and Lucy Hawking
Copyright das ilustrações © 2024 por Xin Li
Copyright da tradução © 2024 por Casa dos Livros Editora LTDA.
Todos os direitos reservados.

Título original: *You and the Universe*

Todos os direitos desta publicação são reservados à Casa dos Livros Editora LTDA.
Nenhuma parte desta obra pode ser apropriada e estocada em sistema de banco de dados ou processo similar, em qualquer forma ou meio, seja eletrônico, de fotocópia, gravação etc., sem a permissão do detentor do copyright.

Publisher: Samuel Coto
Editora executiva: Alice Mello
Editora: Lara Berruezo
Editoras assistentes: Anna Clara Gonçalves e Camila Carneiro
Assistência editorial: Yasmin Montebello
Adaptação de capa e miolo: Guilherme Peres

Dados Internacionais de Catalogação na Publicação (CIP)
(Câmara Brasileira do Livro, SP, Brasil)

Hawking, Stephen, 1942-2018
 Você e o universo / Stephen Hawking, com Lucy Hawking ; ilustrado por Xin Li ; tradução de Marcel Novaes. — Rio de Janeiro : HarperKids, 2024.

 Título original: You and the Universe
 ISBN 978-65-5980-104-6

 1. Cosmologia - Literatura infantojuvenil 2. Universo - Literatura infantojuvenil I. Hawking, Lucy. II. Li, Xin. III. Título.

24-192532   CDD-028.5

Índices para catálogo sistemático:
1. Literatura infantil 028.5 2. Literatura infantojuvenil 028.5

Cibele Maria Dias - Bibliotecária - CRB-8/9427

Os pontos de vista desta obra são de responsabilidade de seu autor,
não refletindo necessariamente a posição da HarperKids, da HarperCollins Brasil,
da HarperCollins Publishers ou de sua equipe editorial.

HarperKids é uma marca licenciada à Casa dos Livros Editora LTDA.
Rua da Quitanda, 86, sala 601A — Centro
Rio de Janeiro, RJ — CEP 20091-005
Tel.: (21) 3175-1030
www.harpercollins.com.br

Este livro foi impresso pela Maistype, em 2024, para a HarperCollins Brasil.
A fonte do miolo é Brandon Grotesque. O papel do miolo é couchê brilho 150 g/m², e o da capa é couchê 150g/m².

STEPHEN HAWKING
VOCÊ E O UNIVERSO

com **LUCY HAWKING**

ILUSTRADO POR **XIN LI**

TRADUÇÃO DE **MARCEL NOVAES**

harperkids

Rio de Janeiro, 2024

Apesar de eu não me mover e ter que falar usando um computador, na minha mente eu sou livre.

Tentei responder a algumas perguntas bem importantes.

O que tem dentro de um buraco negro?

É possível viajar no tempo?

Mas tem outras perguntas bem importantes que eu preciso que *você* me ajude a responder.

Como podemos fazer do futuro um lugar onde queremos estar?

Todos nós, em qualquer idade, podemos pensar nessas perguntas e tentar encontrar respostas.

Quando vemos a Terra do espaço,
percebemos que é um lar para todos nós.

Um planeta. Uma grande família.

Estamos aqui juntos.

Podemos aprender a viver juntos com gentileza e respeito.

Tive sorte de meu trabalho ajudar as pessoas a entenderem o universo.

Mas seria um universo vazio sem aqueles que nós amamos e que nos amam.

Somos todos viajantes do tempo, indo juntos rumo ao futuro.

Seja corajoso.
Seja determinado.
Vamos trabalhar juntos para fazer do futuro um lugar legal de visitar.

PERGUNTAS E RESPOSTAS

O que tem dentro de um buraco negro?

Buracos negros nascem de estrelas muito grandes. A luz das estrelas vem da fusão nuclear. À medida que elas queimam, produzem outros materiais, outros elementos. Isso inclui o oxigênio que respiramos, o cálcio em nossos dentes e até o precioso ouro. Quando uma estrela bem grande consome todo o seu combustível, ocorre uma enorme explosão chamada supernova, que lança as camadas mais externas da estrela em uma grande nuvem quente de calor e poeira. Você, eu, sua família e seus amigos, e toda a vida na Terra somos feitos de poeira estelar.

Depois que a estrela explode, seu núcleo permanece. Se ela for mesmo gigantesca, pelo menos o dobro do tamanho do nosso sol, esse núcleo pode colapsar e criar um buraco negro — tão poderosos que arrastam para si qualquer coisa que esteja perto deles. Isso pode incluir destroços de estrelas, planetas e todo tipo de lixo espacial. Buracos negros estão tão longe de nós que ninguém nunca visitou um deles, mas cientistas já tiraram uma bela foto de um. Talvez algum dia a gente possa espiar lá dentro!

Conseguimos contar as estrelas?

Se for uma noite com céu limpo e você estiver longe de outras luzes, dá para ver tantas estrelas que é difícil contá-las. Os cientistas que estudam as estrelas são chamados de astrônomos. Eles usam telescópios — alguns na Terra, outros no espaço — que podem alcançar grandes distâncias e dispõem de computadores potentes que ajudam os telescópios a fazerem mapas do céu. Com essas ferramentas, os astrônomos concluíram que há cerca de 100 bilhões de estrelas em nossa galáxia, a Via Láctea. No universo inteiro pode haver até um bilhão de trilhões de estrelas. Você precisaria de muitos dedos para contar!

O quão grande é o universo?

A resposta mais curta é… o universo é enorme! Vamos começar aqui por perto. A Lua fica a mais de 380 mil quilômetros da Terra. Leva uns três dias para chegar lá, voando em uma espaçonave. Nosso sistema solar é composto pelos vizinhos da Terra, a família de planetas e outros objetos que, como nós, giram em torno do Sol. O planeta mais próximo da Terra é Marte, mas ainda está muito longe. Uma viagem de espaçonave até lá duraria uns nove meses.

Se deixarmos o sistema solar e olharmos a Via Láctea, começaremos a ter uma ideia de como o universo é realmente grande. Para a atravessarmos por inteiro em uma nave super-rápida, que viajasse na velocidade da luz, levaríamos 150 mil anos!

E a Via Láctea é apenas uma das bilhões de galáxias do universo!

Isso significa que o universo tem que ser super ultra gigante para caberem todas essas galáxias, com estrelas, planetas, buracos negros e asteroides. Só podemos ver um pedaço do universo com nossos telescópios, o que chamamos de universo observável. Ele tem 93 bilhões de anos-luz de comprimento (isso quer dizer que um raio de luz levaria 93 bilhões de anos para ir de um lado a outro do universo observável).

Talvez não consigamos nem chegar tão longe ou sequer saber o que acontece nas partes mais distantes do universo. Até onde os humanos sabem, o universo é infinito, o que significa que está seeeeeeempre se expandindo e é maior do que podemos imaginar.

É possível viajar no tempo?

Se você pudesse voltar no tempo, para onde e quando gostaria de ir? Voltaria milhões de anos para ver os dinossauros? Ou talvez quisesse ver como era o planeta Terra quando os primeiros seres humanos olharam para as estrelas?

A luz do Sol e de outras estrelas vêm até nós percorrendo uma grande distância, e só chega depois de algum tempo. Então, quando vemos a luz de uma estrela, podemos estar observando algo que já não existe mais. Na verdade, sempre que olhamos para o Sol, não o vemos como está neste exato momento, mas como estava oito minutos atrás!

E quanto a viagens para o futuro? Bom, isso nós fazemos todos os dias. A todo momento, estamos vivendo no que era o futuro e que agora é o presente! Por isso é tão importante trabalharmos juntos para fazermos do futuro um lugar legal para visitar — porque é para lá que estamos todos indo.

Será que alienígenas existem?

Usamos a palavra "alienígena" para descrever formas de vida que vivem em outros planetas e que são diferentes das criaturas que já conhecemos. Ninguém sabe ao certo se eles existem, mas os cientistas estão procurando. Usando radiotelescópios, os astrônomos "ouvem" os sons do universo para tentar captar algum sinal que indique a existência de outras formas de vida. Mas os cientistas fazem mais do que ouvir: eles também enviam mensagens para o espaço, para descobrir se alguém está nos ouvindo!

Até hoje, não tivemos resposta. Mas isso não quer dizer que alienígenas não existam. Pode ser que essas outras formas de vida estejam simplesmente muito longe para conseguirmos fazer contato, ou talvez tenham enviado mensagens que ainda não fomos capazes de entender.

O que você vê quando olha para as estrelas? Você acha que existem outras formas de vida lá no alto? Como você imagina que elas sejam?

SOBRE STEPHEN HAWKING E ESTA MENSAGEM PARA O DIA DA TERRA

Stephen Hawking foi um dos grandes cientistas de todos os tempos, e seu trabalho continua tendo um grande impacto ainda hoje! Ele dedicou sua carreira a fazer descobertas importantes sobre a natureza dos buracos negros e sobre como o universo funciona. Stephen gostaria que todos entendessem o significado de seu trabalho e do de seus colegas cientistas. Por isso, dedicou muito tempo a pensar em maneiras simples de explicar questões científicas complexas, para torná-las interessantes e acessíveis ao maior número possível de pessoas.

Stephen queria deixar um legado para os cientistas do futuro. No final de sua vida, ele escreveu uma declaração sobre a importância da ciência e da tecnologia, sobre o futuro que compartilhamos como seres

humanos neste planeta, sobre a habilidade extraordinária dos humanos para superar grandes desafios. Essa declaração foi transmitida como uma mensagem no Dia da Terra pela Agência Espacial Europeia, e foi enviada por um radiotelescópio em direção a um buraco negro, para celebrar a vida e as conquistas de Stephen.

É uma mensagem simples, mas com um profundo significado. E este livro é uma adaptação dessa mensagem. Stephen queria que suas palavras alcançassem o máximo de pessoas possível — pessoas de todas as idades, em todos os continentes.

Você e o universo é voltado especialmente aos cientistas mais jovens, às crianças que têm curiosidade sobre o mundo e o cosmos. Acima de tudo, Stephen acreditava que a ciência deve ser divertida, envolvente e inclusiva. Com *Você e o universo*, sua missão de educar os jovens habitantes do planeta continua viva.